Gewichtstabellen

der

absoluten Gewichte von Körpern

für den Kubikmeter

und

deren spezifische Gewichte

mit besonderer Berücksichtigung

der Baumaterialien.

Von

Emil Stoy.

Berlin W.

Fischers technologischer Verlag **M. Krayn,**

Köthenerstr. 46.

Erklärung.

Die Zahlen geben das absolute Gewicht des betreffenden Körpers in Tonnen à 1000 kg für 1 m^3.

Bei homogenen Körpern gleichzeitig das spezifische Gewicht derselben, wenn das des destillierten Wassers bei + 4° C gleich 1 gesetzt ist.

Bezeichnet

g das absolute Gewicht eines Körpers in t à 1000 kg,
s dessen spezifisches Gewicht,
v dessen Volumen in m^3,

so ist

$$v = \frac{g}{s}$$

d. h. man findet das Volumen (Kubikinhalt) eines Körpers, wenn man sein absolutes Gewicht durch sein spezifisches Gewicht dividiert;

$$s = \frac{g}{v}$$

d. h. man findet das spezifische Gewicht eines Körpers, wenn man sein absolutes Gewicht durch sein Volumen dividiert;

$$g = v \cdot s$$

d. h. man findet das absolute Gewicht eines Körpers, wenn man sein Volumen mit seinem spezifischen Gewicht multipliziert.

Tabelle

der spezifischen Gewichte und der absoluten Gewichte pr. 1 m^3 in t à 1000 kg.

Achat	2.60
Äther bei 20° C.	0.716
Ahornholz, frisch	0.89
lufttrocken	0.70
ganz trocken	0.60
Ahornholzkohle, frisch ausgeglüht, im Gefässe	0.164
Akazienholz, lufttrocken	0.79
Alabaster	2.71
Alaun	1.70—2.00
Alaunschiefer	2.35—2.60
Aldehyd	0.79
Alkohol, absoluter bei 20° C.	0.792
Aluminium, gegossen	2.58
gehämmert	2.67
Amalgam	13.75
Ameisenäther bei 0° C.	0.945
Ameisenholzäther	0.998
Ameisensäure	1.235
Ammoniak, flüssig bei 0°	0.875
Anhydrid (Karstenit, Muriacit, Würfelspat)	2.80
Anisöl	0.987

Anthracit (Kohlenblende) . . .	1.30—1.70
Antimon (Spiessglanz)	6.65—6.75
Antimonglanz	4.60
Apatit	3.20
Apfelbaumholz, frisch . . .	0.80
trocken . .	0.70
Aphanit (Grünstein-Porphyr)	2.80—3.10
Aragonit	3.00
Arak	1.457
Argentan (Neusilber, Packfong)	8.40—8.70
Arsenik (Giftkobalt)	5.67—5.95
Arsenikkies (Giftkies, Mispickel)	6.10
Arsenikkobalt (Tesseralkies, Speiskobalt)	6.50
Arseniknickel (Rotnickelerz, Kupfernickel	7.60
Asbest	2.10—2.80
Asche	0.90
Asphalt, rein	1.10
Asphalt zu Estrich	1.20
Augit	3.00—3.30
Augitporphyr (Melaphyr) . .	2.77—3.05
Auripigment (Operment, Rauschgelb)	3.50
Axinit (Thumerstein, Glasschörl, Afterschörl)	3.30

Backkohlencokes, geschichtet	0.30—0.40
Backsteine (Ziegel)	1.40—2.00
Baryt (Schwerspat)	4.30—4.70
Basalt	2.50—3.20
Baumöl bei 12° C	0.919
Bausteine im Mittel	2.50
Benzoenaphta bei 10° C. . .	1.054
Benzol bei 0° C	0.868
Bergamotteöl bei 15° C . . .	0.862
Bergblau	3.80
Bergkristall	2.65
Bergnaphta	0.708
Bergteer	1.13
Bernstein	1.08
Beryll, gewöhnlicher	2.67—2.72
orientalischer	3.55
Beryllium	2.10
Beton	2.40—2.47
Bier	1.015—1.034
Bimsstein	0.92—2.210
Birkenholz, frisch	0.850—0.985
lufttrocken . . .	0.59—0.74
Birkenholzkohle	0.203
Birkenreisig, frisch	0.75
trocken . . .	0.50
Bitterkalk (Rautenspat) . . .	2.88

Bittersalz	1.75
Birnbaumholz, lufttrocken . .	0.66
ganz trocken	0.51
Blaueisenerz	2.70
Blauspat (Lazulith)	3.00
Blätterzeolith (Stilbit) . . .	2.30
Blausäure bei 0°	0.705
Blei, deutsches, gegossen . . .	11.40—11.60
englisches " . . .	11.37
Bleiglätte (Bleioxyd)	9.30
Bleiglanz (Schwefelblei) . . .	7.40—7.60
Bleioxyd-Schwefelsäure . .	6.50
Bleispat (Weissbleierz, kohlens. Bleioxyd)	6.45
Bleiweiss	2.40
Bleizucker	2.35
Blende	4.03
Bohnen im Massgefässe . . .	0.85
Bolus	1.97
armenischer	2.70
Bor	2.68
Boracit	3.00
Borax (Tinkal)	1.70
Borsäure	1.83
Bouteillenglas	2.60
Brasilienholz	1.03

Brauneisenstein	2.60—3.80
Braunkohle (Lignit) kompakt .	1.10—1.50
geschlichtet	0.77
Braunstein	3.72
Brauntorf, trocken	0.60—0.24
Brom bei 0°	2.97
Bronze	8.60
Bruchsteine, geschlichtet . .	1.80—2.00
Bruchsteinmauerwerk, frisch	2.46
trocken	2.40
Buchenholz, frisch	0.95
lufttrocken . . .	0.79
Buchenöl	0.921
Bücher, geschlichtet	0.81
Buchsbaumholz, französisch, tr.	0.92
holländ. . . .	1.02
brasil. . . .	1.03
Buntkupfererz	5.00
Butter	0.94
Butteräther	0.904
Butterholzäther	0.921
Buttersäure bei 15 C° . . .	0.963
Cadmium	8.69
Calcium	1.58

Calomel	7.18
Campecheholz, lufttrocken . .	0.913
Campher	0.99
Caoutchouc (gummi elast.) . .	0.92—0.94
Carneol	2.61
Cedernholz, wildes	0.59
amerikanisch . .	0.56
indisch	1.31
von Palästina . .	0.60
Cellulose	1.46—1.53
Cement	2.70—3.00
locker geschüttet . . .	1.20—1.50
Cementmörtel	1.80—1.90
Cementstahl	7.30—7.80
Chalcedon	2.65
Chamotte	2.12
Chlorbarium	2.83
Chlorcalcium, geglüht . . .	2.20
Chlorkalk	2.20
Chloritschiefer	2.85
Chlornaphta bei 12,5° C . .	1.134
Chlorwasserstoffsäure (Salzsäure) conc.	1.208
Chrom	5.90
Chromeisen	4.36—4.49
Chromeisenstein	4.36—4.49

Chrysoberyll (Cymophan) . .	3.70
Chrysolith (Peridot, Olivin) . .	3.30
Citronenholz	0.73
Citronenöl bei 0°	0.852
Cokes im Mittel compact . . .	0.40
geschichtet . .	0.30—0.40
Cölestin	3.90
Cocosbaumholz	0.73
Colophonium	1.07
Copaivbalsam	0.95—0.96
Copal	1.10
Corallen	2.50—2.70
Cypressenholz	0.64

Dachpappe	1.11
Dachschiefer	2.76—3.50
Dachziegel	1.80
Desmin (Strahlzeolith)	2.20
Diabas (Grünstein)	2.77—3.10
Diamant	3.50—3.55
Dinkelgerste im Massgefässe .	0.40—0.47
Diorit (Grünstein)	2.77—3.10
Dolerit	2.72—2.90
Dolomit, körniger	2.90—3.00

Ebenholz, spanisches, lufttrocken	0.80
alpines	1.05
indisches	1.20
amerikanisches . . .	1.18—1.39
Ebereschenholz (Vogelbeer-baum) frisch	0.89
lufttrocken . . .	0.64
Eibenbaumholz (Taxus) . . .	0.80
Eichenholz, frisch	0.97—1 03
trocken	0.80—0.90
Eichenholzkohle	0.155
Eis	0.88—0.92
Eisen, guss, grau	6.64—7.57
halbiertes u. weisses	6.83—7.89
Schmiede- u. Stab- .	7.35—7.91
Eisenblech	7.60—7.86
Eisendraht	7.60—7.85
Eisenerz	3.10—7.75
Eisenglanz	3.80—5.23
Eisenhammerschlag	5.48
Eisensinter	2.40
Eisenspat (Flinz, Siderit, Spat-eisenstein)	3.75—3.80
Eisenvitriol	1.90
Eiweiss	1.009
Elfenbein	1.87

Erbsen im Mass	0.827—0.880
Erde, vegetabilische, im Grubenmasse	1.15—1.80
kiesige und sandige, trocken	1.30—1.40
„ „ feucht	1.90
grob, mit Steinen vermischt	2.00
fett, mit Kies vermengt	2.25
„ „ Lehm „	2.23
„ trocken	2.00
lehmig, frisch gegraben .	2.11
„ trocken	1.90
mager, frisch gegraben .	1.65
„ trocken	1.30
Erdkobalt (Kobaltblüte) . . .	2.25—3.00
Erdkohle (Braunkohle) . . .	1.31—1.40
Erdöl	0.79—0.81
Erdpech	1.12
Erlenholz, frisch	0.79
lufttrocken	0.58
Erlenholzkohle	0.14
Eschenholz, frisch	0.85
lufttrocken . . .	0.70
Eschenholzkohle	0.20
Eselsmilch	1.036
Espenholz, frisch	0.765
lufttrocken . . .	0.43—0.60

Essig, destill.	1.009
Essigäther	0.91
Essigholzäther	0.95
Essignaphta bei 7° C	1.86
Essigsäure bei 0.15° C	1.06

Fahlerz (Schwarzerz)	4.45—5.20
Feldspat	2.28—2.54
Feldsteine	2.50
Feldstein-Porphyr	2.40—3.38
Fensterglas	2.64
Fernambukholz	1.01
Fett von Ochsen	0.923
„ Schweinen	0.937
Feuerstein	2.59
Fichtenharz	1.07
Fichtenholz (Rottanne) frisch	0.87
lufttrocken	0.45—0.55
Fichtenholzkohle	0.176
Fischthran bei 17° C	0.923
Fleischkonserven in Blechbüchsen geschichtet	0.48
Fliederholz	0.77
Flintglas	3.33

Flinz (Spateisenstein, Siderit, Eisenspat	3.75—3.80
Flusseisen	7.85
Flusssäure	1.061
Flussspat	3.15—4.00
Föhrenholz (Kiefer)	0.90
Franzbranntwein	0.935
Franzosenholz (Guajak, lignum sanctum)	1.33
Frauenweiss (Gypsspat) . . .	1.80—2.30
Fuselalkohol bei 15° C . . .	0.814
Fuselöl	0.83
Gabbro	2.88—3.30
Galmei	3.40
Gelbeisenerz (Misp, Vitriolgelb)	2.70—3.00
Gelbkupfererz (Gelbkies, Gelbkupferkies)	4.16—4.20
Gerste, gewöhnliche, im Mass .	0.61—0.71
Getreide im Mittel	0.72
Giftkies (Arsenikkies, Mispickel)	6.10
Giftkobalt (Arsenik)	5.76—5.96
Glanzbraunstein (Hausmannit)	4.70
Glanzeisenerz (Roteisenstein)	3.00—5.00
Glanzerz (Silberglanz)	7.00

Glanzkobalt (Kobaltglanz) . .	6.00
Glas	2.46—3.33
Glasschörl (Axinit, Afterschörl, Thumerstein)	3.30
Glaubersalz	1.40—1.47
Glimmer	2.50—3.80
Glimmerschiefer	2.76
Glockenmetall	8.80
Glycerin	1.26
Gneis	2.40—3.00
Gold, gegossen	19.28
gediegen	19.30
gehämmert	19.33—19.60
Golddraht	19.36
Granat, gewöhnl.	3.71
edle	4.03
weiss (Leuzit)	2.50
Granit	2.75
Granitquader	2.65—2.75
Graphit, rein	1.79
gewöhnlicher	2.25
Graubraunstein (Manganit) .	4.40
Grauwacke	2.70
Grauwackensandstein . . .	2.66—2.70
Grubensand, locker	1.50
Grünspan	1.91

Grünstein	2.89
Grünstein-Porphyr (Aphanit)	2.80—3.10
Guajakholz (Franzosenholz, lignum sanctum) .	1.33
Gummi, arab.	1.33
elastic.	1.81
guttae	1.22
Gummilack	1.14
Gussasphalt mit Rieselschotter	1.60
Gusseisen	7.10—7.50
Gussstahl	7.83—7.92
Guttapercha	0.981
Gyps, dicht ungebrannt	1.87—2.96
faserig und körnig . . .	2.25—2.30
gebrannt	1.81
gegossen frisch	1.29
„ trocken	0.97—1.00
Sperenberger	2.23
Gypsmehl	1.36
Gypsspat (Frauenweiss) . . .	2.31

Hafer im Massgefässe	0.36—0.44
Hagedornholz, lufttrocken . .	0.90

Hainbuchenholz	(Weissbuche)	
	frisch . . .	1.04
	lufttrocken .	0.75
	ganz trocken	0.64
Hanföl bei 15° C		0.927
Hanfsamen im Massgefässe .		0.50—0.56
Harmotom (Kreuzstein) . . .		2.40
Harz (Fichte)		1.07
Haselnussholz		0.60
Hausmannit (Glanzbraunstein) .		4.70
Heu, locker		0.07
gepresst		0.28
Hirse im Massgefässe		0.61—0.69
Holz in Scheiten geschlichtet .		0.32—0.40
Holzfaser		1.50
Holzgeist		0.798
Holzkohle*) v. Nadelholz im Mittel		0.30
v. Eichenholz im Mittel		0.56
geschlichtet . .		0.15—0.22
Honig		1.45
Horn		1.69—1.85
Hornblende		3.00—3.40
Hornblendeschiefer		2.91—3.15
Hülsenfrüchte im Mittel . .		0.80

*) Siehe auch einzelne Holzarten.

Hyacinth (Zirkon)	4.50
Hydrochlorsäure (Salzsäure conc.)	1.208
Jakarandaholz, lufttrocken .	0.908
Jaspis	2.66
Indigo	0.77
Indium, geschmolzen	7.14
gewalzt	7.30
Jod	4.95
Jodkalium	3.07
Jodsilber	5.61
Jridium	23.00
Kadmium, siehe Cadmium.	
Kali, chromsaures	2.64
kohlensaures	2.26
salpetersaures	2.06
schwefelsaures	2.62
Kalisalpeter	2.00
Kalium	0.87
Kalk, gebrannt, compact . . .	3.30—3.20
„ im Gefässe . .	1.27—1.84
geschlichtet	1.00—1.20
gelöscht, steif	1.37
kieselsaurer	2.76—2.90
phosphorsaurer	3.18

Kalkerde, rein	3.16
Kalkmergel	2.48
Kalkmörtel, frisch	1.60—1.80
trocken	1.50—1.65
Kalkspat	2.50—2.80
Kalkstein	2.00—2.70
Kalksteinquader, weich und mittelhart	2.60
hart	2.70
Kalktuff	2.39
Kampecheholz, siehe Campeche.	
Kanonenmetall	8.79
Karneol	2.61
Karstenit (Anhydrit, Muriacit, Würfelspat	2.80
Kartoffeln, compact	1.11
im Massgefässe	0.61—0.70
Kastanienbaumholz, trocken	0.60
Kautschuk	0.93
Keupersandstein, dicht	2.58—2.60
Kiefernholz (Föhre) frisch . .	0.90
lufttrocken	0.60—0.70
Kieselerde	2.66
Kieselkalkstein	2.60—2.80
Kieselsäure	2.20
Kieselschiefer	2.50—2.80

Kieselstein (Quarz)	2.50
Kirschbaumholz	0.71
Kleesamen im Gefässe . . .	0.75—0.85
Kleie „ „ . . .	0.32
Klingstein (Phonolith)	2.51—2.70
Klinker	1.60
Knochen	1.66
Kobalt, gegossen	8.71
gehämmert	9.15
Kobaltblüte (Erdkobalt) . . .	2.50—3.00
Kobaltglanz (Glanzkobalt) . .	6.00—6.30
Kochsalz	2.08—2.15
Kochsalzlauge, gesättigt bei 18.15° C	1.208
Kohlenblende (Anthracit) . .	1.30—1.70
Kohlensäure, flüssig	1.529
Kohlenstoff	3.50
Kohlensulfid (Schwefelkohlenstoff)	1.27
Koke (siehe Cokes)	
Kokosholz	0.73
Kopal	1.10
Korkholz	0.24
Korn (Roggen), im Mittel compact	0.71
im Massgefässe	0.61—0.75

Korund	4.00
Kreide, ...	1.90—2.70
reine	2.69
schwarze	2.10—2.28
Kreosot bei 0°	1.037
Kreuzstein (Harmotom) . . .	2.40
Kristallglas	2.89
Kuhmilch	1.031
Kupfer, gehämmert	8.94—8.90
gegossen	8.79
Blech	8.88
Kupfererz, rotes	5.90
Kupferglanz	5.70
Kupferkies (Gelbkupfererz, Gelbkies)	4.16—4.20
Kupfernickel (Rotnickelkies) Arseniknickel)	7.60
Kupfervitriol	2.20
Kyanit (Saphirspat)	3.50

Lava	2.35—2.85
Lavaglas (Obsidian)	2.40
Lavendelöl bei 15° C	0.877
Lärchenholz, frisch	0.81—0.92

Lärchenholz, lufttrocken . . .	0.50—0.60
Lasurstein	2.50—3.00
Laubholz im Mittel, frisch . .	0.98—1.04
trocken	0.66
Lazulith (Blauspat)	3.00
Leberkies (Magnetkies) . . .	4.40—4.60
Lehm, lfttr.	1.50—2.00
feucht	1.90
im Grubenmasse . . .	2.23
mit Stroh vermischt, frisch	1.19
trocken	1.07
gebrannt	1.40—2.20
Leinöl	0.94
Leinsamen im Gefässe . . .	0.65—0.76
Leuzit (weisser Granat) . . .	2.50
Lignit (siehe Braunkohle) . .	
Lignum sanctum (Franzosenholz, Guajak)	1.33
Limonit (Raseneisenstein, Sumpfeisenstein)	2.75—3.30
Lindenholz, frisch . . .	0.71—0.78
lufttrocken . . .	0.44—0.60
Lindenholzkohle	0.11
Linsen im Massgefässe . . .	0.81—0.91
Lithium	0.60
Lorbeerbaumholz, trocken .	0.82

Magnesia	2.24
Magnesium	1.70
Magneteisenstein	5.10
Magnetkies (Leberkies) . . .	4.40—4.60
Mahagoniholz	0.75—1.06
Malachit	3.46
Mandelöl, süss	0.918
bitter	1.043
Mangan	7.51
Manganit (Graubraunstein) . .	4.40
Manganschaum (Wad) . . .	3.70
Marmor, weiss, ital.	2,72
schwarzer	2.71
grün, schlesisch . . .	2.70
„ egypt.	2.67
weiss, schles.	2.65
körnig	2.52—2.86
Blankenburger . . .	2.67
Elbingeroder	2.85
Carrara	2.72—2.73
schwedisch	2.72
von Paros	2.84
Mastix	1.05
Mauerschutt	1.80—1.40
locker	1.50

Mauerwerk, aus Hohlziegeln trocken	1.20
aus Hohlziegeln feucht	1.40
aus gewöhnl. Ziegeln trocken	1.50—1.60
aus gewöhnl. Ziegeln feucht	1.60—1.70
aus Klinkern, trock.	1.90
„ „ feucht	2.00
aus Bruchstein, trck.	2.40—2.60
„ „ feucht	2.46—2.70
aus Sandstein-quadern, weich u. mittelh. trocken	2.00—2.10
feucht	2.10—2.40
aus Sandstein-quadern, hart	2.50
aus Kalkstein-quadern, weich u. mittelh., trocken	2.40—2.50
weich u. mittelh., feucht	2.45—2.60
aus Kalkstein-quadern, hart	2.70
aus Granitquadern	2.80

Mauersteine	1.60—2.60
Mauerziegel	1.80
Maulbeerbaumholz, trocken .	0.69—0.89
Meerschaum	1.30
Mehl im Massgefässe	0.40
zusammmengerüttelt . .	0.64
als compacte Masse . . .	1.50—1.56
Melaphyr (Augitoporphyr) . .	2.77—3.10
Mennige (Minium)	8.40—9.15
Mergel, erdig	1.60—2.40
hart	2.30—2.70
Mesotyp. (Natrolith, Spreustein)	2.20
Messing, gehämmert	8.52
gegossen	8.15
Blech	8.57
Draht geglüht . . .	8.43
„ ungeglüht . .	8.74
Meteoreisen	7.60—7.83
Meteorsteine	3.55—3.60
Milch von Kühen	1.031
„ Ziegen	1.034
„ Eseln	1.036
Milchsäure	1.215
Milchzucker	1.54
Misp (Gelbeisenerz, Vitriolgelb) .	2.70—3.00
Mispickel (Arsenikkies, Giftkies)	6.10

Mohnöl	0.924
Mohnsamen im Gefässe . . .	0.56—0.69
Molybdän	8.05
Molybdänglanz	4.50
Mörtel aus Kalk und Cement .	1.68
„ Kalk und Schlacke .	1.87
„ Kalk und Hammersinter	1.15
nass	2.00
Muriacit (Anhydrit, Karstenit, Würfelspat)	2.80
Musivgold	4.42
Mühlsteinquarz, porös . . .	1.24—1.28
dicht . . .	2.48—2.61

Nadelholz im Mittel trocken .	0.55
frisch . .	0.62
Nagelfluhe	2.09
Naphta	0.702
Natrium	0.97
Natrolith (Mesotyp, Spreustein)	2.20
Natron	2.80
Natrum (Soda)	1.40
Natronsalpeter	1.94

Nelkenöl 1.079
Neroliöl (Orangenblütenöl) . . 0.819
Neusilber (Argentan, Packfong) 8.40—8.70
Nickel, gegossen . . . . 8.28—9.00
gehämmert 8.67
Nussbaumholz, trocken . . . 0.66
Nussöl 0.926

Obsidian (Lavaglas) 2.40
Ochsenfett 0.923
Ochsenhorn . . . . 1.69—1.84
Oelstoff bei 0° 0.913
Olein aus Talg 0.90
Olivenholz 0.93
Olivenöl 0.918
Olivin (Chrysolith, Peridol) . . 3.30
Onyx 2.73
Opal . . . . 1.91—2.20
Operment (Auripigment, Rauschgelb) 3.50
Opium 1.33
Orangenbaumholz 0.70
Orangenblütenöl (Neroliöl) . . 0.819
Osmium 10.00

Packfong (Argentan, Neusilber)	8.40—8.70
Palladium	11.30
Papier	0.70—1.15
Pappelholz, (Schwarz- u. Weiss-	
pappel) frisch	0.78—0.95
trocken	0.35—0.59
Pech, gewöhnliches	1.15
weisses	1.07—1.11
Pechblende	6.65
Pechkohle	1.32
Pechstein	2.21
Pechtorf	0.64—1.03
Peridol (Olivin, Chrysolith) . .	3.30
Perlen, oriental.	2.617
Perlstein	2.20
Petroleum (Steinöl)	0.80
Pfeffermünzöl	0.92
Pflanzenfaser	1.50
Pflaumenbaumholz, lufttrocken	0.69—0.87
ganz trocken	0.51
Phonolith (Klingstein)	2.51—2.70
Phosphor, gelb	1.83
rot	2.19
met.	2.34
Phosphorbronze	8.80
Phosphorsäure, flüssig . . .	1.558

Platanenbaumholz, trocken .	0.64
Platin, gegossen	20.15
gehämmert	21.31
geprägt	21.35—23.00
gewalzt	21.60
Draht	21.40
Platinerz	16.00
Platinsand	1.15
Plänerkalk	2.48
Pockholz	1.26
Polierschiefer	0.59—0.61
Pommeranzenschalenöl . .	0.888
Porphyr	2.71
Portland-Cement, festgestampft	1.764
locker . .	1.249
Porzellan	2.15—2.30
Meissener	2.49
Porzellanerde	1.15
Probierstein	2.41
Psilomelan (Schwarzbraunstein)	4.00
Puzzolanerde	1.29
Pyrolusit (Weichbraunstein) . .	4.60—5.00
Quadersandstein, weich und	
mittelhart	2.40
hart	2.50

Quarz (Kieselstein) 2.50
Quarzsand, frisch 1.95
trocken 1.63
Quecksilber, englisch 13.598
deutsch 14.00
gefroren . . . . 14.40—15.60
Quittenbaumholz 0.70

Raps, im Massgefässe . . . . 0.55—0.60
Rapsöl (Rüböl) 0.914
Raseneisenstein (Sumpfeisenstein, Limonit) . . . . 2.75—3.30
Rasentorf . . . . 0.11—0.12
Rauschgelb (Operment, Auripigment) 3.50
Rautenspat (Bitterkalk) . . . 2.88
Realgar 3.50
Rhodium 11.00
Ricinusöl 0.970
Roggen (siehe Korn)
Rohr, spanisches, trocken . . . 0.40
Rosenholz, trocken 1.12
Rosenöl 0.832
Rosskastanienbaumholz, frisch 0.86
trocken 0.55—0.61

Rotbuchenholz, trocken . . .	0.76
Rotbuchenholzkohle . . .	0.187
Roteisenstein (Glanzeisenerz) .	3.00—5.00
Rotgiltigerz	5.62
Rotkupfererz	5.65
Rotnickelkies (Arseniknickel, Kupfernickel)	7.60
Rotstein	3.14
Rottannenholz siehe Fichte	
Rubidium	1.52
Rubin, brasilianischer	3.53
orientalischer	4.00—4.28
Runkelrüben, in Haufen . . .	0.50—0.53
Saalweidenholz, frisch . . .	0.71
trocken . . .	0.63
Salmiak	1.46
Salmiakgeist bei 15° C. . . .	0.875
Salpeter	1.95
Salpeteräther	0.886
Salpeternaphta	0.886
Salpetersäure, konz.	1.50
Salz, Koch-	2.08—2.17
Stein-	2.14—2.40

Salzsäure (Hydrochlorsäure) . .	1.208
Salzsole bei 26.75° C.	1.205
Sand, aus Bächen	1.90—1.94
trocken	1.45
gestampft	1.60
Sandelholz, weiss	1.04
rot	1.13
gelb	0.76
Sandkohlencokes	0.45—0.50
Sandstein, Magdeburger . . .	2.05
harter	2.50
weicher	2.20—2.35
Sandsteinmauerwerk . . .	2.00—2.40
Saphir, brasilian.	3.13
oriental.	4.00—4.80
Saphirspat (Kyanit)	3.50
Sauerkleesäure	1.51
Sassafrassholz	0.48
Scheidewasser	1.15
Schiefer	2.60—3.00
Schieferstein	3.50
Schieferthon	2.64
Schiesspulver, gehäuft . . .	0.84
gestampft . .	1,74
Schillerstein (Schillerspat) . .	2.70
Schleifstein, fein	2.11

Schmiedeeisen 7.79
Schmirgel 3.92
Schnee, frisch gefallen 0.19
gestampft 0.80
Schotter, im Grubenmasse . . 1.80
geschlägelt 1.80
locker 1.50
Schwarzbraunstein (Psilomelan) 4.00
Schwarzerz (Fahlerz) . . . . 4.45—5.20
Schwarzgiltigerz 6.08
Schwarzpappelholz
(siehe Pappelholz)
Schwarztorf . . . . 0.24—0.60
Schwefel, rein 1.98
unrein 2.05
in Kristallen . . . 2.05
gediegen 2.08
Schwefeläther 0.737
Schwefelblei . . . . 7.4—7.6
Schwefelblumen 2.09
Schwefelchlorid 1.62
Schwefelchlorür 1.68
Schwefelkies . . . . 4.90—5.00
Schwefelkohlenstoff (Kohlensulfid) 1.27
Schwefelnaphta 0.716

Schwefelsäure, wasserfreie bei 25° C.	1.97
Nordhäuser bei 15° C.	1.90
englische konz.	1.85
Schwefeltrioxyd	1.97
Schwefelwismut (Wismutglanz)	6.50
Schweinefett	0.937
Schweisseisen	7.80
Schwerspat	4.40—4.58
Seewasser	1.027—1.03
Selen	4.31
Serpentin	2.64
Silber, gegossen	10.48
gehämmert	10.62
gewalzt	10.55
als Draht	10.48
Silberglanz	7.05
Silberhornerz	6.69
Silberoxyd	8.25
Silicium	2.49
Sinterkohlencokes	0.40—0.45
Smaragd (Beryll)	2.60—2.77
Soda	1.40
Sommereichenholz, frisch . .	0.85—1.05
lufttrocken	0.65—0.69
Sommerkorn, im Massgefässe .	0.61—0.75

Sommerweizen, im Massgefässe	0.66—0.78
Spaltgerste (Dinkelgerste) . .	0.61
Spateisenstein (Flinz, Siderit, Eisenspat)	3.75—3.80
Speck	0.94
Speckstein	2.60
Speiskobalt (Tesseralkies, Arsenikkobalt)	6.50
Spiegelglas	2.46
Spiessglanz	6.65—6.75
Spinell	3.50
Spiritus	
von 90° Tralles bei 15.5° C.	0.834
„ 80° „ „ „ .	0.864
„ 70° „ „ „ .	0.890
„ 60° „ „ „ .	0.913
„ 50° „ „ „ .	0.934
Spreustein (Natrolith, Mesotyp.)	2.20
Stahl, gefrischt	7.50—7.81
raffiniert	7.76—7.83
Cement-	7.58—7.80
Guss-	7.82—8.09
Stampfasphalt	1.80
Stärkemehl	1.53
Stearin	0.97
Stearinsäure	0.854

Steineichenholz, frisch . . .	1.04—1.07
lufttrocken .	0.708—0.850
Steinkohle, kompakt	1.19—1.45
geschichtet . . .	0.85—1.05
Steinkohlenasche	0.90
Steinkohlenöl	0.911
Steinkohlenteer	1.189
Steinkohlenteeröl	0.744
rektifiziert	0.91
Steinöl (Petroleum)	0.80
Steinsalz	2.15—2.40
Stilbit (Blätterzeolith)	2.30
Strahlkies	4.76
Strahlzeolith (Desmin) . . .	2.20
Stroh, locker	0.07
gepresst	0.12
Strontian	3.93
Strontianit	3.60
Strontium	4.50
Sumpfeisenstein (Limonit, Raseneisenstein)	2.75—3.30
Syenit	2.50—3.00
Talg	0,95
Talkerde	2.35

Talkschiefer	2.74
Talkspat	3.05
Tannenholz, frisch	0.87
lufttrocken . . .	0.56
im Mittel . . .	0.70
Taxusbaumholz (Eibenbaum)	
holländisch	0.788
spanisch	0.807
Teer, Berg-	1.13
Steinkohlen-	1.189
Tegel, im Grubenmasse	2.23
Tellur	6.11—6.26
Terpentinöl	0.86
Terrazzo	2.00
Tesseralkies (Arsenikkobalt,	
Speiskobalt)	6.50
Thekabaum (Teak)	0.65
Thon, im natürlichen Zustande	
gelagert	1.80—2.00
frisch gegraben im Mittel	2.61
trocken	2.27
Thonerde, feucht	2.10
trocken	1.50
Thonschiefer	2.60—3.50
Thonstein	2.50
Thran	0.93

Thumerstein (Axinit, Glasschörl, Afterschörl)	3.30
Tinkal (Borax)	1.70
Titan	5.30
Titaneisen	4.75
Titanoxyd	3.82
Tombak	8.51—9.00
Topas	3.40—3.52
Torf, Rasen-	0.11—0.26
Wurzel-	0.24—0.60
Erd-	0.53—0.96
Pech-	0.63—1.03
Torfcokes	0.25—0.30
Trachit (Trapporphyr)	2.40—2.60
Tragant	1.32
Trass	1.12
Tripel	1.60
Tripolith	0.875
Tuffstein	1.30
Türkis	2.80
Turmalin	3.00—3.30
Ulmenholz, frisch	0.94
lufttrocken . . .	0.67
Ulmenholzkohle	0.18

Uran	9.00
Valerianholzäther	0.901
Vitriolgelb (Gelbeisenerz, Misp)	2.70—3.00
Vogelbeerbaumholz (Eberesche), frisch	0.899
lufttrocken . . .	0.644
Wacholderbeerenöl . . .	0.911
Wacholderholz	0.56
Wachs	0.97
Wad (Manganschaum)	3.70
Walkerde	1.75
Wallnussbaumholz	0.67
Walrat	0.94
Wasser destilliert, bei 4° C. und 760 mm Barometerstand . .	1.00
Regen-	1.001
Fluss-	1.009
Meer-	1.026
samt Gefäss im Durchschnitt	1.15
Wasserblei	4.69
Wasserglas	1.25
Weichbraunstein (Pyrolusit) .	4.60—5.00
Weidenholz, frisch	0.85
Weidenholz, lufttrocken . . .	0.49

Wein 0.98
Weinessig 1.011
Weinstein 1.849
Weissbleierz (Bleispat, Bleioxyd, kohlensaures) 6.45
Weissbuchenholz (Hainbuche),
frisch . . . 0.93—1.13
lufttrocken . 0.72—0.78
Weissbuchenholzkohle . . . 0.18
Weisspappelholz 0.529
Weizen,
Sommer-, im Massgefässe 0.66—0.78
Winter- . . . . 0.70—0.80
kompakt 0.76
Wetzschiefer 2.72
Wicken, im Massgefässe . . . 0.79—0.88
Winterkorn . . . . 0.66—0.78
Wismut . . . . 9.76—9.80
Wismutglanz
(Schwefelwismut) 6.50
Witherit (kohlensaurer Barit) . 4.30
Wolfram 17.60
Würfelspat (Anhydrit, Muriacit, Karstenit 2.80
Wurzeltorf . . . . 0.24—0.60

Zedernholz siehe Cederholz.
Ziegel (Backsteine) . . . . . . 1.40—2.00
Ziegelmauerwerk (siehe Mauerwerk).
Ziegenmilch 1.034
Zimtöl 1.035
Zink, gegossen 6.90
gewalzt 7.30
Draht 7.15
Zinkblende (Schwefelzink) . . 4.00
Zinkblüte 3.35
Zinkoxyd 5.50
Zinkspat 4.44
Zinkvitriol . . . . 1.90—2.00
Zinn, gegossen 7.29
gewalzt 7.39
Zinnober 8.10
Zinnstein (Zinngraupen) . . . 6.30—7.00
Zirkon (Hyazinth) 4.50
Zucker 1.60

Gedruckt bei Fiedler & Kluge, Wittenberg—Berlin.

FIEDLER & KLUGE
Buchdruckerei
WITTENBERG - BERLIN.